国家电网有限公司
STATE GRID
CORPORATION OF CHINA

U0662179

国家电网有限公司
安全生产反违章工作
管理办法

国家电网有限公司　发布

中国电力出版社
CHINA ELECTRIC POWER PRESS

图书在版编目（CIP）数据

国家电网有限公司安全生产反违章工作管理办法 /
国家电网有限公司发布. -- 北京 ：中国电力出版社，
2025. 4（2025.6重印）. -- ISBN 978-7-5198-9367-5

Ⅰ. TM08

中国国家版本馆 CIP 数据核字第 202516D6S2 号

出版发行：中国电力出版社
地　　址：北京市东城区北京站西街 19 号（邮政编码 100005）
网　　址：http://www.cepp.sgcc.com.cn
责任编辑：周秋慧
责任校对：黄　蓓　常燕昆
装帧设计：张俊霞
责任印制：石　雷

印　　刷：三河市航远印刷有限公司
版　　次：2025 年 4 月第一版
印　　次：2025 年 6 月北京第三次印刷
开　　本：850 毫米×1168 毫米　32 开本
印　　张：0.75
字　　数：20 千字
定　　价：12.00 元

国家电网有限公司关于印发
《国家电网有限公司作业风险管控工作规定》
等 10 项通用制度的通知

国家电网企管〔2023〕55 号

总部各部门，各机构，公司各单位：

公司组织制定、修订了《国家电网有限公司作业风险管控工作规定》《国家电网有限公司工程监理安全监督管理办法》《国家电网有限公司预警工作规则》《国家电网有限公司电力突发事件应急响应工作规则》《国家电网有限公司安全生产风险管控管理办法》《国家电网有限公司安全生产反违章工作管理办法》《国家电网有限公司业务外包安全监督管理办法》《国家电网有限公司电力安全工器具管理规定》《国家电网有限公司电力建设起重机械安全监督管理办法》《国家电网有限公司安全隐患排查治理管理办法》10 项通用制度，经 2022 年公司规章制度管理委员会第四次会议审议通过，现予以印发，请认真贯彻落实。

国家电网有限公司（印）

2023 年 2 月 10 日

目　录

国家电网有限公司安全生产
反违章工作管理办法

规章制度编号：国网（安监/3）156－2022

第一章　总　　则

第一条　为贯彻"安全第一、预防为主、综合治理"的方针，健全安全生产反违章（以下简称反违章）工作机制，加强违章治理防止违章导致事故发生，依据《中华人民共和国安全生产法》《国家电网有限公司安全工作规定》等法律法规及规章制度，制定本办法。

第二条　国家电网有限公司（以下简称公司）反违章工作是指公司在预防、查纠、惩处、整治违章等过程中，在制度建设、培训教育、专业管理、监督检查、评价考核等方面开展的相关工作。

第三条　公司反违章工作坚持"人民至上、生命至上"，树牢"违章就是隐患、违章就是事故"理念，坚持"落实责任、健全机制、查防结合、以防为主"的基本原则，发挥安全保证体系和安全监督体系的协同作用，持续深入地开展反违章工作。

第四条　本办法所称安全督查中心是指各级单位组织专业人员，依托安全风险管控监督平台（以下简称平台，含移动作业App）、监控屏和现场视频设备，对各类作业现场进行远程安全监督，深化违章查纠的场所。

第五条　本办法适用于公司总（分）部、各省（自治区、直辖市）电力公司、生产性直属单位（以下简称各单位）。

1

第二章 职 责 分 工

第六条 各级安全生产委员会是本单位反违章工作领导机构，负责制定反违章工作目标、重点措施、奖惩办法和考核规则，组织实施反违章工作，并为反违章工作提供人员、资金和装备保障。

第七条 各级安全生产委员会办公室负责反违章工作的归口管理，负责组织开展反违章有关安全巡查、监督检查等工作，并对反违章工作进行监督、评价、考核。

第八条 各级发展、设备（运检）、建设、营销、调控、信息、物资、产业和后勤等安委会成员部门，按照"管业务必须管安全"原则，负责本专业管理范围内的反违章工作。

第九条 各级人资、财务、党建和工会等部门，负责反违章工作的人、财、物保障、奖惩考核以及民主监督等，将反违章工作情况作为评先评优、人才选拔的重要依据，营造齐抓共管的良好工作氛围。

第十条 各单位生产车间（分场、工区）、班组（项目部、供电所）等应严格落实反违章工作要求，积极开展违章自查自纠工作。

第十一条 公司每位作业人员都应自觉遵守安全工作规程规定，积极主动参与反违章工作。

第三章 违 章 界 定

第十二条 违章是指在生产经营活动过程中，违反国家和行业安全生产法律法规、规程标准，违反公司安全生产规章制度、反事故措施、安全管理要求等，可能对人身、电网、设备和网络信息安全等构成危害并容易诱发事故（事件）的管理的不安全作为、人的不安全行为、物的不安全状态和环境的不安全因素。

第十三条 违章按照定义分为管理性违章、行为性违章和装置性违章三类。

（一）管理性违章是指各级领导、管理人员不履行岗位安全职责，不落实安全管理要求，不健全安全规章制度，不开展安全教育培训，不执行安全规章制度等的不安全作为。

（二）行为性违章是指现场作业人员在电力建设、运维检修和营销服务等生产经营活动过程中，违反保证安全的规程、规定、制度和反事故措施等的不安全行为。

（三）装置性违章是指生产设备、设施、环境和作业使用的工器具及安全防护用品不满足规程、规定、标准、反事故措施等要求，不能可靠保证安全的状态和因素。

第十四条 坚持精准防控原则，按照违章性质、情节及可能造成的后果，分为严重违章和一般违章。

（一）严重违章主要指易造成领导失察、责任悬空、风险失控以及酿成安全事故的管理、行为及装置类等违章，并按照严重程度由高至低分为：Ⅰ类严重违章、Ⅱ类严重违章和Ⅲ类严重违章。总部每年结合安全工作实际对严重违章清单实施动态调整发布。

（二）一般违章是指达不到严重违章标准且违反安全工作规程规定的其他违章情形。

第十五条 违章责任人员和单位的划分：

（一）直接责任人是指直接实施作业、管理违章行为的现场人员；或在其职责范围内不履行或者不正确履行工作要求，直接导致装置性、行为违章发生的人员。

（二）连带责任人是指在职责范围内，因安全管理的失职或履责不到位等，导致所管理的现场、人员、设备、装置等发生违章问题的管理人员。

（三）责任单位（一般为违章直接责任人、连带责任人的所在单位）是指发生行为、管理、装置性违章的单位或直接管理单位，包含设备运维管理单位、施工作业单位（专业分包单位、劳务分包单位）以及相关管理单位（监理单位、业主单位）等。

第四章 工 作 机 制

第十六条 建立违章预防机制。

（一）完善安全规章制度。根据国家安全生产法律法规和公司安全生产工作要求、生产实践发展、电网技术进步、管理方式变化和反事故措施等，及时修订补充安全规程规定等规章制度，从组织管理和制度建设上预防违章。

（二）严格安全准入管理。各单位依托平台对进入所属生产经营区从事生产施工作业的单位、人员实施企业安全资信报备和人员安全准入管理，严格安全资信（资格）审查和安全评估，从源头上杜绝不合格队伍和人员进入作业现场。

（三）加强安全教育培训。分层级、分专业、分工种开展安全规章制度、安全技能知识、安全监督管理、安全警示教育等培训，提高各级人员安全作业和辨识、纠正、防止违章的能力。

（四）实施作业风险告知。规范开展安全风险公示告知工作，实现安全风险的全面公示、全员告知和全程监督，强化事前提醒防范，从源头上防止触发安全风险的违章行为发生，增强全员安全作业防止违章的自觉性。

第十七条 建立违章查纠机制。

（一）加强安全监督管理。反违章工作实行上级对下级、安全生产监督体系对安全生产保证体系的监督检查机制。各级安监部门依托平台、安全督查中心及安全督查队伍，通过安全监督检查（远程、现场等）、"四不两直"安全督察、安全巡查等方式，分层分级查处各类违章行为。

（二）强化现场专业管控。各级专业管理部门严格执行作业现场到岗到位工作要求，常态化开展作业现场检查指导和违章查纠，督促作业人员落实安全责任，严格管控现场各类人员行为，落实现场各项安全管控措施。

（三）开展违章自查自纠。充分调动工区、车间（分场）、基层班组和一线员工的积极性、主动性，紧密结合生产实际，鼓励员工自主发现违章，自觉纠正违章，相互监督整改违章。

（四）建立违章曝光制度。各单位充分运用平台、网站和公示栏等内部媒体载体，开辟反违章工作专栏，对查处的违章问题及时予以曝光，形成反违章舆论监督氛围，切实督促相关单位吸取教训，举一反三、真抓实改、杜绝违章。

第十八条 建立违章治理机制。

（一）严肃违章问题治理。坚持"四不放过"原则，对查出的违章，相关责任单位（部门）应做到原因分析清楚，责任落实到人，整改措施到位，教育培训到位。坚持"追本溯源"原则，在发现违章现象的同时，还应深入查找其背后的管理原因，着力做好违章问题的根治。

（二）执行违章警示约谈。对重复发生严重违章的和反违章工作开展不力的单位，上级单位应对有关单位和人员进行安全警示约谈。

（三）开展违章人员教育。对发生违章的人员，均应进行教育培训；对重复严重违章或违章导致事故发生的人员，应进行待岗教育培训，经考试、考核合格后方可重新上岗。

（四）开展违章统计分析。省、市、县公司级单位应以月、季、年为周期，定期统计违章现象，分析违章规律，从管理根源上研究制定防范措施，定期在安委会、安全生产分析会、安全监督（安全网）例会上通报有关情况。

第十九条 建立违章惩处机制。

（一）实施违章记分管理。违章实行单位、个人"双记分"管理，各省公司级单位制定反违章管理实施细则，在平台内建立违章信息档案，将违章记分作为单位和个人安全资信评价、考核以及评先评优等的重要依据。

（二）严格违章约束惩处。违章采取经济处罚和违章记分并行方式，对违章责任单位及人员，除进行违章记分外，还应依据相关处罚标准、考核规定和合同协议等给予经济处罚；对违章记分达到限值的单位及人员，严格执行重新准入、停工学习、作业禁入等惩戒措施。

（三）强化反违章正向激励。总结反违章工作经验，深入开展安全生产专项活动，组织开展"无违章单位""无违章班组""无违章员工""党员身边无违章"等创建活动，并按照有关奖惩制度对无违章单位、集体、班组和员工，以及反违章工作开展成效突出的单位、部门和个人给予奖励。

第五章 违 章 查 处

第二十条 各单位应将违章的填报、审核、下发、整改、申诉等工作统一纳入平台进行管控,实现违章查处全流程线上管理。

第二十一条 各级安全管理和督查人员应依据周作业计划和安全风险分级情况,结合到岗到位、现场(远程)监督检查、"四不两直"督查等工作,协同抓好各类作业现场的违章查纠工作。

第二十二条 违章查纠。发现违章,应立即予以制止、纠正,采取中止作业、停工整顿等措施,及时督促其立查立改或整改反馈;对安全管理混乱或存在重大安全隐患的现场,安全管理人员和安全督查人员有权勒令停工整顿。

对发现的违章应填写《违章整改通知单》(详见附录 2),明确违章行为、违反条款、责任单位及人员等情况,并经审核后下发(一般应通过平台或 App 下发)至相关责任单位,严肃督促整改;对现场不能立查立改的,需在违章整改通知单内注明具体的整改要求和反馈时限。

第二十三条 违章惩处。坚持"抓早抓小"原则,对违章责任单位及相关人员进行严格记分考核、经济处罚(公司未有规定的由各单位自行制定标准并执行)和责任追究。

(一)违章记分应根据认定的违章类型和性质,按照Ⅰ类严重违章 12 分/项、Ⅱ类严重违章 6 分/项、Ⅲ类严重违章 4 分/项和一般违章 2 分/项的标准对直接责任人进行记分,并按照记分标准(详见附录 1),对责任单位和连带责任人员进行记分,并记入其安全资信档案;同一作业现场涉及多起违章,应按违章事项进行分别记分累计。

(二)班组自查自纠、作业现场工作班成员间发现并已纠正的违章行为可进行记录,但不记分。

第二十四条　违章通报。坚持"一地有违章，各级受教育"原则，对本级单位查出的各类违章问题，均应在本单位周（月）安全例会上予以曝光，并以"通报""便函"等方式在本单位范围内进行全面通报。

第二十五条　整改备案。相关责任单位收到《违章整改通知单》后，应立即组织研究、制定落实整改措施和惩处要求；对需要反馈整改情况的，应在规定时限内进行反馈（《违章整改反馈单》格式详见附录3）。整改反馈期后，违章查处单位（部门）和作业管理单位应对作业现场违章整改情况进行复查、核查，确保违章闭环整改；对违章不整改继续作业的，应予以提一级记分。

第二十六条　申诉处理。若责任单位、责任人对曝光通报的违章存在异议的，可在收到《违章整改通知单》后在规定时限内向查处部门或单位提出申诉（详见附录4），并提供相关佐证材料；申诉理由成立的应予以采纳。

第二十七条　记分应用。

（一）人员和单位的违章累积记分周期一般为12个月，均从准入（备案）之日起计算，一个记分周期内违章记分实行累积（不清零），上一记分周期内的违章记分值原则上不带入下一记分周期。

（二）对在一个记分周期内违章记分达到或超过 12 分的人员，应采取停工培训、重新准入、作业禁入等措施。其中，人员为外包单位的，应同时纳入"负面清单"进行管控。

（三）对在一个记分周期内违章记分达到或超过 24 分的单位，应采取警示约谈、停工停标、准入限制等惩处措施。其中，施工作业单位、监理单位为外包单位的，应同时纳入"负面清单"进行管控。

拒不执行相关惩处要求的，取消其安全准入资格，禁入公司系统从事生产施工作业或承揽业务。

违章记分应用惩处措施详见附录5。

第六章 实施保障

第二十八条 各单位应深入推进"一平台、一终端、一中心、一队伍"建设，充分发挥数字化安全管控体系作用，细化明确工作标准、流程及要求，严格规范开展违章督查管理工作。

第二十九条 各单位应配齐各级安全监督人员，加强各级安全督查队伍建设，提升业务素质能力，配足安全督查装备（如安全检查执法记录仪、望远镜等），并保证交通工具使用，常态化开展作业现场安全督查及其反违章等工作。

第三十条 各单位应加强安全督查中心建设、运行等日常管理，充分发挥"互联网＋安全督查"作用，推进协同机制建设，为常态化开展作业现场远程视频反违章工作提供有力支撑。

第三十一条 各单位应做好现场远程视频督查装置、数字化安全管控智能终端（移动作业终端）配置，切实规范安全监督检查终端保管、调拨、使用、维护、网络安全等日常管理，优化视频接入、存储、共享模式，加强作业现场视频安全监督覆盖力度。

第三十二条 各单位应结合平台、移动 App、远程视频督查装置、数字化安全管控智能终端（移动作业终端）应用，丰富作业现场边缘计算装置、智能穿戴等新型智能安全管控装备配置使用，积极推广应用违章智能识别技术，有效查纠现场各类违章，切实规范人员安全作业行为。

第七章　工　作　评　价

第三十三条　各单位应将反违章工作作为安全工作绩效考核的一项重要内容，加强反违章工作监督管理和考核评价，健全完善反违章工作考核激励约束机制。

第三十四条　对反违章工作成效显著或及时发现纠正制止违章现象、避免安全事故发生的单位、管理部门、班组和员工，应按照有关奖惩制度、合同协议等给予表扬和奖励。对反违章工作组织不力、重复发生违章的单位、管理部门、班组和员工，应按照有关奖惩制度、合同协议等给予批评和处罚。

第三十五条　因违章导致安全事故（事件）发生的，按照国家有关法律法规和公司事故（事件）调查处理有关规定执行。公司将依据安全工作奖惩有关规章制度，严肃追究相关责任单位和人员责任。

第八章　附　　则

第三十六条　本办法由国网安监部负责解释并监督执行。

第三十七条　本办法自 2023 年 3 月 3 日起施行。原《国家电网公司安全生产反违章工作管理办法》（国家电网企管〔2014〕70 号之国网（安监/3）156 – 2014）同时废止。

附录：1. 违章记分标准
　　　2. 违章整改通知单（样例）
　　　3. 违章整改反馈单（样例）
　　　4. 违章申诉单（样例）
　　　5. 违章记分应用及惩处措施

违 章 记 分 标 准

违章记分应根据认定的违章类型、性质以及分析出的问题，按照记分标准，对相关责任单位和人员进行记分和考核。

（一）**直接责任人**：按照一次Ⅰ类严重违章 12 分/项、Ⅱ类严重违章 6 分/项、Ⅲ类严重违章 4 分/项和一般违章 2 分/项的标准对其进行记分。

（二）**连带责任人**：依据违章分析结果，按照是否存在连带责任，对相关连带责任人员按照一次Ⅰ类严重违章 4 分/项、Ⅱ类严重违章 2 分/项、Ⅲ类严重违章 1 分/项和一般违章 0.5 分/项的标准对其进行记分。

（三）**违章责任单位**：依据违章分析结果，对违章责任单位（一般为违章直接责任人、连带责任人的所在单位）按照一次Ⅰ类严重违章 4 分/项、Ⅱ类严重违章 2 分/项、Ⅲ类严重违章 1 分/项和一般违章 0.5 分/项的标准对相关单位进行记分；同一项违章涉及同一单位多个责任人的，对该违章责任单位不重复扣分（只按违章项累计）。

坚持"具体问题具体分析"原则，在违章原因分析清楚基础上，方可对违章连带责任进行判定，连带责任人通常是指对违章行为发生、存续负有管理不作为或失职的责任主体。违章记分标准表详见附表。

序号	类别	责任类别	考核对象	Ⅰ类严重违章	Ⅱ类严重违章	Ⅲ类严重违章	一般违章
1	违章人员	直接责任人	现场作业人员、作业指挥或管理人员（管理类）（含工作负责人、监护人等）以及设备、装置、机具等使用或直接管理人员	12	6	4	2
2		连带责任人	负有连带责任的工作负责人或专责监护人	4	2	1	0.5
3			负有连带责任的作业单位（或项目部）作业实施组织管理人员或班组长	4	2	1	0.5
4			负有连带责任的监理单位（如有）现场旁站监理人员、安全监理工程师等	4	2	1	0.5
5			负有连带责任的项目管理单位（或项目部）管理人员、设备运维单位人员	4	2	1	0.5
6	违章单位	违章责任单位	一般为发生行为、管理、装置性违章的直接责任人所在单位	4	2	1	0.5
7			一般为连带责任人所在的设计单位、监理单位、项目管理单位及设备运维单位	4	2	1	0.5

说明：

1. 直接责任人一般是指直接观察到的发生违章动作、行为发生主体；连带责任人一般经事后分析方可确定，主要指对违章行为发生、存续负有管理不作为或失职责任的人员；责任单位则是对应直接责任人和连带责任人而言，一般为其所在单位。

2. 对违章责任划分应坚持"具体问题具体分析"原则，并非所有违章一定要追究连带责任，如：

（1）专责监护人监护范围内或对象出现其"应发现而未发现、应制止而未制止"违章则应连带，超出其监护范围外的违章则不应对其进行连带。

（2）考虑到实际作业现场存在点多、线长、面广的问题，一般而言作业人员短时或瞬时发生的行为类违章，若确系超出工作负责人当时所处位置（工作区域内）视野管控范围的，则不应对工作负责人进行连带。

附录 2

违章整改通知单（样例）

编号：××公司××年第××号

××公司　　　　　　　　　　　　　　　　　　　　　　年　月　日

检查项目		
检查时间	年　月　日	
检查地点		
主送单位		
序号	发现问题	违反条款
1		
	（附图）	
2		
	（附图）	
整改要求	例：对××无法立即整改的问题，应采取××管控手段；整改完成后××日内将整改完成情况报××备案。若存在异议，请于××日内，以书面形式向××陈述理由，提供证明材料	
惩处要求或意见	如：按照××标准，对××单位按照××进行记分处理，扣××分	
检查人员		
编　制		审　核	
签　发		

附录3

违章整改反馈单（样例）

编号：×××公司××年第××号

××公司 年 月 日

受检项目					
受检时间	年　月　日				
受检地点					
主送单位					

序号	被查问题	整改措施	责任单位（部门）	责任人	整改情况
1		1. …… 2. ……			
2		1. …… 2. ……	单位1		
		3. …… 4. ……	单位2		
		5. ……	单位3		
编制		审核		签发	
联系人		电话		传真	

16

违章申诉单（样例）

项目名称		违章通知单编号	
省公司级单位		被督察单位	
序号	问题描述	申诉理由及依据条款	佐证材料
1			
2			
3			
专业管理部门意见	专业管理部门负责人签名： （盖章） 年 月 日		
安监部门意见	安监部门负责人签名： （盖章） 年 月 日		
专业分管领导意见	专业分管领导签名： 年 月 日		
申诉结果	总部安全督查组负责人签名： 年 月 日		

联系人：（单位 姓名 联系方式 手机号）

附录 5

违章记分应用及惩处措施

序号	记分主体	违章记分应用范围	一个记分周期内违章记分达上限人员或单位	惩处方式	惩处措施
1	作业人员	公司员工	违章记分达到 12 分后	停工培训＋重新准入	1. 停工（岗）进行安全培训学习至少一周。 2. 重新参加安规考试；考试合格的方可返岗；考试不合格的，继续参加学习和考试
2		外包单位人员		负面清单＋停工培训＋重新准入	1. 纳入该市公司级单位"负面清单"。 2. 停工进行安全培训学习至少一周。 3. 重新参加安全准入考试；考试合格的方可重新进入现场作业；考试不合格的，继续参加学习和考试
3		公司员工	违章记分达到 24 分后	作业禁入	取消其年度安全准入资格，年内待岗（从准入之日起算），并接受本岗位作业安全技能或管理培训
4		外包单位人员		负面清单＋作业禁入	1. 纳入该省公司级单位"负面清单"。 2. 取消其年度安全准入（准入周期内）资格，年内（从准入之日起算）禁入公司系统作业
5	外包单位	地市公司级单位范围	在同一地市公司级单位范围，违章记分达到 24 分后	负面清单＋警示约谈＋停工整顿	1. 列入该市公司级单位"负面清单"。 2. 由地市公司级单位约谈其主要负责人。 3. 在该地市公司级单位范围内的所有作业现场应全部停工，并至少进行为期一周的安全整顿；安全整顿和准入考试全部合格后方可准许复工

18

序号	记分主体	违章记分应用范围	一个记分周期内违章记分达上限人员或单位	惩处方式	惩处措施
6	外包单位	地市公司级单位范围	在同一地市公司级单位范围，违章记分达到48分后	负面清单＋停工整顿＋限制招标＋重新准入＋准入限制	1. 列入省公司级单位"负面清单"。 2. 在该地市公司级单位范围内所有承揽的在建项目或作业现场应全部停工，更换项目负责人，并至少进行为期一周的安全整顿。 3. 该单位作业人员、工作负责人及以上管理人员全部重新参加安全准入考试。 4. 取消其年内准入资格，一年内（从处罚之日开始）禁入该地市公司级单位承揽项目；其项目负责人一年内不得担任该地市公司级单位外包施工作业项目负责人或安全生产管理人员
7		省公司级单位范围	被两家及以上地市公司级单位记入"负面清单"	负面清单＋警示约谈＋停工整顿＋重新准入	1. 列入该省公司级单位"负面清单"。 2. 由省电力公司级单位组织或委托相关单位约谈其主要负责人。 3. 其在该省公司级单位范围内所有承揽的在建项目或作业现场全部停工，并至少进行为期一周的安全整顿 4. 该单位作业人员、工作负责人及以上管理人员重新参加安全准入考试。停工整顿和准入考试全部合格后方可准许复工
8			连续两次被记入本省公司级单位"负面清单"	停工整顿＋重新准入＋限制招标＋准入限制	1. 在该省公司级单位范围内全部承揽的在建项目或作业现场全部停工，更换对应地市公司项目负责人（必要时更换施工队伍），并至少进行为期两周的安全整顿。 2. 该单位作业人员、工作负责人及以上管理人员重新参加安全准入考试。 3. 取消其年内招投标（含非招标）资格，一年内（从处罚之日开始）禁入该省公司级单位承揽项目。 4. 其项目负责人一年内同时不得担任该单位外包施工作业项目负责人或安全生产管理人员。停工整顿和准入考试全部合格后方可准许复工

序号	记分主体	违章记分应用范围	一个记分周期内违章记分达上限人员或单位	惩处方式	惩处措施
9	外包单位	公司系统范围	六个月内同一外包单位连续被两家及以上省公司级单位纳入"负面清单"的	公司Ⅳ级黑名单管理	1. 承包单位一年内禁入公司系统承揽外包项目。2. 其项目负责人一年内不得担任系统外包项目负责人或安全生产管理人员
10	内部单位	公司系统范围地市（县）公司级单位	违章记分（只统计本级不含下级单位）达到24分后	警示约谈	上级单位应约谈其单位负责人
11			违章记分（只统计本级不含下级单位）达到48分后	安全整顿+重新准入+绩效考核	1. 对其进行不少于一周的安全整顿。2. 全部管理人员、作业人员重新参加安全安规（准入）考试。3. 同步扣减其年度安全绩效（按照所在省级公司安全工作奖惩相关规定进行相应安全惩处）

说明：

1. 考虑到市（县）公司级所辖下属单位（机构）多寡不一，故在内部单位违章记分的统计和考核运用方面，实行"分层分级（三级，省、市、县）"管理模式，其中县（工区）公司级单位为违章记分的最小单元，省、市公司级单位违章记分统计均不包含下级单位违章记分[如：A省B市供电公司下辖B1检修中心、B2县供电公司（B21班组和B22班组），则B市供电公司违章记分仅为其市供电公司本级人员连带到单位的（包含本级人员直接违章或出现连带责任人导致的记分）记分，不累计B1检修中心、B2县供电公司违章记分；B2县供电公司违章记分则包含其所有班组人员（B21班组和B22班组）及其管辖作业项目所连带出的违章记分累计。对B1检修中心、B2县供电公司违章记分考核惩处由B市供电公司负责，A省公司仅负责对B市供电公司进行考核惩处]。

2. 总部对各省公司反违章工作及违章考核评价另行要求。

3. 按照《国家电网有限公司业务外包安全监督管理办法》[国网（安监/4）853-2022]对业务外包定义："业务外包是指公司各级单位作为甲方（以下统称发包单位）与乙方（公司系统外单位、产业单位，以下称承包单位）签订合同，将建设（技改）工程施工、生产作业业务（以下统称外包项目）发包给承包单位的活动"，本规定所称外包单位即指与各单位（含送变电公司）签订施工作业合同的乙方单位（包含公司系统外单位、产业单位）。